团 体 标 准

桥梁用低回缩预应力锚索

Low retraction prestressing anchor cables for bridge

T/TMAC 108—2024

主编单位:中国铁路设计集团有限公司
发布单位:中国技术市场协会
实施日期:2024 年 10 月 20 日

人民交通出版社

北 京

图书在版编目(CIP)数据

桥梁用低回缩预应力锚索 / 中国铁路设计集团有限公司主编. — 北京：人民交通出版社股份有限公司，2025.1. — ISBN 978-7-114-19965-3

Ⅰ. TU757.2

中国国家版本馆 CIP 数据核字第 2025AD5923 号

标准类型：团体标准

标准名称：桥梁用低回缩预应力锚索

标准编号：T/TMAC 108—2024

主编单位：中国铁路设计集团有限公司

责任编辑：齐黄柏盈

责任校对：龙　雪

责任印制：刘高彤

出版发行：人民交通出版社

地　　址：(100011)北京市朝阳区安定门外外馆斜街 3 号

网　　址：http://www.ccpcl.com.cn

销售电话：(010)85285857

总 经 销：人民交通出版社发行部

经　　销：各地新华书店

印　　刷：北京市密东印刷有限公司

开　　本：880×1230　1/16

印　　张：1.5

字　　数：28 千

版　　次：2025 年 1 月　第 1 版

印　　次：2025 年 1 月　第 1 次印刷

书　　号：ISBN 978-7-114-19965-3

定　　价：20.00 元

(有印刷、装订质量问题的图书,由本社负责调换)

中国技术市场协会文件

2024 年第 13 号(总第 64 号)

关于发布《桥梁用低回缩预应力锚索》
等五项团体标准的公告

根据《中国技术市场协会团体标准管理办法》《中国技术市场协会团体标准工作程序》相关规定,《桥梁用低回缩预应力锚索》《公路工程大粒径水泥稳定碎石应用技术规范》《公路工程再生混凝土集料水泥稳定基层应用技术规范》《公路路面技术状态智能巡检 日常养护信息化系统建设要求》《医疗器械企业信用资质评价》五项团体标准已编制完成并通过审查。标准编号及名称如下:

编号	名称	主要完成单位
T/TMAC 108—2024	桥梁用低回缩预应力锚索	中国铁路设计集团有限公司、柳州市桥厦科技发展有限公司、中交第二公路勘察设计研究院有限公司
T/TMAC 109—2024	公路工程大粒径水泥稳定碎石应用技术规范	中建路桥集团有限公司、长安大学、河南交投大别山明鸡高速公路有限公司
T/TMAC 110—2024	公路工程再生混凝土集料水泥稳定基层应用技术规范	鸿翔环境科技股份有限公司、长安大学、嘉兴市交通工程质量安全管理服务中心
T/TMAC 111—2024	公路路面技术状态智能巡检日常养护信息化系统建设要求	中咨数据有限公司、湖南省交通规划勘察设计院有限公司、陕西建科建设监理有限责任公司
T/TMAC 112.F—2024	医疗器械企业信用资质评价	深圳迈瑞生物医疗电子股份有限公司、显微智能科技(湖南)有限公司、迪瑞医疗科技股份有限公司

上述标准于 2024 年 10 月 20 日发布并实施。

现予公告。

中国技术市场协会

2024 年 10 月 20 日

目　次

前　言

本文件按照 GB/T 1.1—2020《标准化工作导则　第1部分:标准化文件的结构和起草规则》的规定起草。

请注意本文件的某些内容可能涉及专利。本文件的发布机构不承担识别专利的责任。

本文件由中国技术市场协会交通运输专业委员会提出,由中国技术市场协会归口。受中国技术市场协会委托,由中国铁路设计集团有限公司负责具体解释工作,请有关单位将实施中发现的问题与建议反馈至中国铁路设计集团有限公司(地址:天津市河北区中山路10号;联系电话:022-26179688;电子邮箱:zhiyanwustone@163.com),供修订时参考。

本文件主编单位:中国铁路设计集团有限公司。

本文件参编单位:柳州市桥厦科技发展有限公司、中交第二公路勘察设计研究院有限公司、中铁第六勘察设计院集团有限公司、天津城建设计院有限公司、中土集团福州勘察设计研究院有限公司、中国中铁第二局第五工程有限公司、中铁三局集团第三工程有限公司、中铁十八局集团有限公司、中铁十局集团有限公司青岛公司、柳州市南部佳正预应力机械有限公司、柳州市伟煌机械有限公司、黑龙江省公路建设中心。

本文件主要起草人:郑永红、姚永湖、田山坡、朱玉、支燕武、李黎、宋顺心、张振学、李克银、江瑞珍、刘涛、刘海涛、黄弘生、张建新、张广颂、罗盛敏、黄新宇、周津斌、王鲁、汤洪雁、张建森、叶明坤、秦云锋、仲昭飞、李宏、宋普河、李龙深、蒋明、吴昱、容日钊、张艳。

本文件主要审查人:刘家镇、王太、赵之忠、钟建驰、韩振勇、牛开民、赵君黎、王昕、侯旭、李松、谭邦明、韩亚楠。

引　言

　　回缩值是预应力损失最主要的组成部分,减小回缩值是保证预应力效果的最有效措施。桥梁用低回缩预应力锚索是高效低回缩预应力产品,具有构造简单、施工便捷的特点,适用于桥梁等需要低回缩预应力结构。使用时直接埋设,无须设置波纹管,只需一次张拉即可实现低回缩锚固,无须孔道灌浆等操作,可有效缩短施工周期,降低人力成本,保证施工质量。本锚索体系采用智能张拉自动旋合螺母锚固装备,可快速、便捷一次张拉锚固施工,全程记录张拉力、伸长量、孔道编号、操作人员等信息,方便追溯。

　　为了规范桥梁用低回缩预应力锚索的生产、检验和使用,制定本文件。

桥梁用低回缩预应力锚索

1 范围

本文件规定了桥梁用低回缩预应力锚索的结构、代号与标记,技术要求,试验方法,检验规则,标志、包装、运输与储存。

本文件适用于桥梁用低回缩预应力锚索的生产、检验与使用,其他需要低回缩的预应力结构,可参照使用。

2 规范性引用文件

下列文件中的内容通过文中的规范性引用而构成本文件必不可少的条款。其中,注日期的引用文件,仅该日期对应的版本适用于本文件;不注日期的引用文件,其最新版本(包括所有的修改单)适用于本文件。

GB/T 196　普通螺纹　基本尺寸

GB/T 230.1　金属材料　洛氏硬度试验　第1部分:试验方法

GB/T 700　碳素结构钢

GB/T 1804　一般公差　未注公差的线性和角度尺寸的公差

GB/T 2828.1　计数抽样检验程序　第1部分:按接收质量限(AQL)检索的逐批检验抽样计划

GB/T 3077　合金结构钢

GB/T 5224　预应力混凝土用钢绞线

GB/T 9799　金属及其他无机覆盖层　钢铁上经过处理的锌电镀层

GB/T 14370　预应力筋用锚具、夹具和连接器

GB/T 20492　锌-5％铝-混合稀土合金镀层钢丝、钢绞线

GB/T 21073　环氧涂层七丝预应力钢绞线

GB/T 25823　单丝涂覆环氧涂层预应力钢绞线

GB/T 33363　预应力热镀锌钢绞线

JT/T 329　公路桥梁预应力钢绞线用锚具、夹具和连接器

JT/T 771　无粘结钢绞线斜拉索技术条件

JG/T 161　无粘结预应力钢绞线

JG/T 430　无粘结预应力筋用防腐润滑脂

CJ/T 297　桥梁缆索用高密度聚乙烯护套料

TB/T 3193　铁路工程预应力筋用夹片式锚具、夹具和连接器

3 术语和定义

GB/T 14370、JT/T 329、TB/T 3193界定的以及下列术语和定义适用于本文件。

3.1

桥梁用低回缩预应力锚索　low retraction prestressing anchor cables for bridge

由索体、挤压式锚具组成,经一次张拉锚固,回缩量控制在1.0 mm范围内的预应力装置(简称"锚索")。

3.2

锚索长度 anchor cables length

无应力状态下锚索轴线长度。

4 结构、代号与标记

4.1 结构

4.1.1 锚索应由锚具组件和索体构成,按张拉方式分为单端张拉和两端张拉两种结构形式,如图 1 所示。

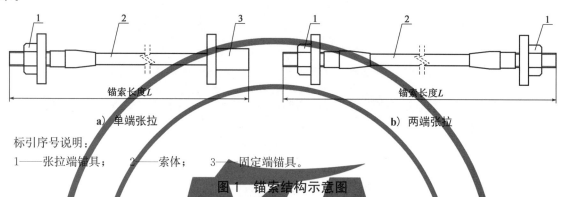

a)单端张拉　　　　　　　　　　　　　b)两端张拉

标引序号说明:

1——张拉端锚具;　　2——索体;　　3——固定端锚具。

图 1 锚索结构示意图

4.1.2 张拉端锚具组件应由挤压锚固套、承压螺母、钢垫板、螺旋筋、密封筒、密封材料、防护帽等组成,如图 2 所示。

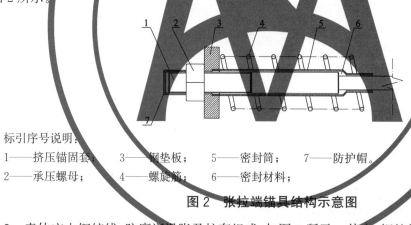

标引序号说明:

1——挤压锚固套;　　3——钢垫板;　　5——密封筒;　　7——防护帽。

2——承压螺母;　　　4——螺旋筋;　　6——密封材料;

图 2 张拉端锚具结构示意图

4.1.3 索体应由钢绞线、防腐润滑脂及护套组成,如图 3 所示。其中,钢绞线的型号规格和结构应符合 GB/T 5224 的规定。

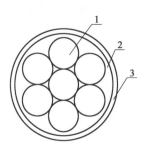

标引序号说明:

1——钢绞线;　　2——防腐润滑脂;　　3——护套。

图 3 索体断面图

4.1.4 固定端锚具组件按构件不同,可分为螺母垫板式、垫板螺纹式和螺母防松式,如图4～图6所示。本文件优先选择螺母垫板式结构。

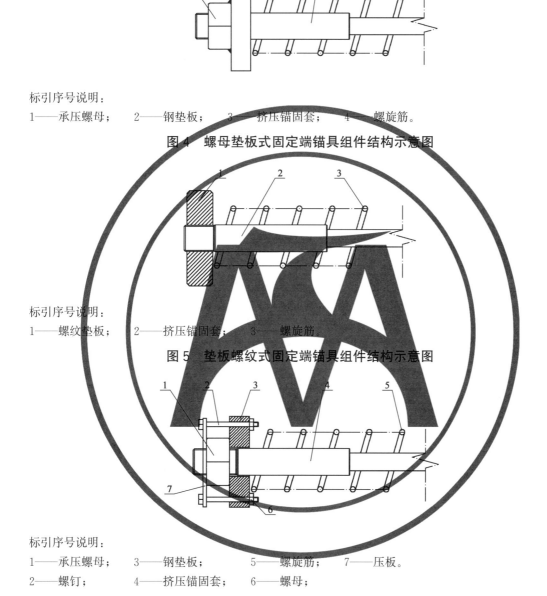

标引序号说明:

1——承压螺母; 2——钢垫板; 3——挤压锚固套; 4——螺旋筋。

图 4 螺母垫板式固定端锚具组件结构示意图

标引序号说明:

1——螺纹垫板; 2——挤压锚固套; 3——螺旋筋。

图 5 垫板螺纹式固定端锚具组件结构示意图

标引序号说明:

1——承压螺母; 3——钢垫板; 5——螺旋筋; 7——压板。

2——螺钉; 4——挤压锚固套; 6——螺母;

图 6 螺母防松式固定端锚具组件结构示意图

4.2 代号

锚索、张拉端锚具代号和固定端锚具代号如表1所示。

表 1 锚索、张拉端锚具代号和固定端锚具代号

项目	锚索	张拉端锚具	固定端锚具		
			螺母垫板式	垫板螺纹式	螺母防松式
代号	MS	Z	A	B	C

4.3 标记

4.3.1 锚索标记应由锚索代号、钢绞线直径、钢绞线强度、锚索长度、张拉端锚具代号、固定端锚具代号和本文件号组成。

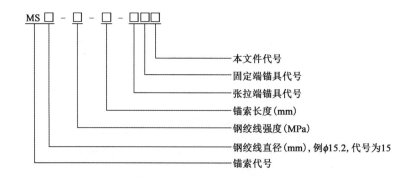

标记示例 1：

钢绞线直径为 φ15.2 mm，强度为 1 960 MPa，锚索长度为 3 205 mm，固定端锚具采用螺母垫板式的锚索标记为：MS15-1960-3025-ZA-XX。

标记示例 2：

钢绞线直径为 φ21.8 mm，强度为 1 860 MPa，锚索长度为 2 150 mm，固定端锚具采用垫板螺纹式的锚索标记为：MS22-1860-2150-ZB-XX。

标记示例 3：

钢绞线直径为 φ28.6 mm，强度为 1 860 MPa，锚索长度为 16 000 mm，采用两端张拉的锚索标记为：MS29-1860-16000-ZZ-XX。

5 技术要求

5.1 一般要求

5.1.1 挤压锚固套应与索体组装成套。

5.1.2 同规格锚索的承压螺母、钢垫板、螺旋筋应可互换。

5.1.3 锚索未注尺寸公差等级应不低于 GB/T 1804 中的 c 级。

5.1.4 宜采用具有自动旋合螺母锚固的智能张拉设备施张。

5.2 材料

5.2.1 锚具材料应符合下列规定：

 a）挤压锚固套、螺母材料机械性能应符合 GB/T 3077 中 40Cr 的规定；

 b）其他钢结构用材料性能应符合 GB/T 700 中 Q235 的规定。

5.2.2 索体用材料应符合下列规定：

 a）预应力钢绞线性能应符合 GB/T 5224 的规定；

 b）护套材料性能应符合 CJ/T 297 的规定。

5.2.3 防腐润滑脂、密封材料应符合下列规定：

 a）防腐润滑脂性能应符合 JG/T 430 的规定；

 b）密封材料性能应符合 JG/T 430 的规定；

 c）常用规格索体防腐润滑脂含量及钢绞线与护套间摩擦系数应符合表 2 的规定。

表 2　索体防腐润滑脂含量及钢绞线与护套间摩擦系数

钢绞线规格（mm）	防腐润滑脂含量（g/m）	钢绞线与护套间摩擦系数 u
$\phi12.7$	≥43	≤0.09
$\phi15.2$	≥50	≤0.09
$\phi15.7$	≥53	≤0.09
$\phi17.8$	≥53	≤0.12
$\phi18.9$	≥53	≤0.12
$\phi21.8$	≥68	≤0.12
$\phi28.6$	≥68	≤0.12
注:其他规格锚索防腐润滑脂含量另行规定,摩擦系数按上表相近规格取用。		

5.3　外观

5.3.1　锚具外观应符合下列规定：

　　a）　锚具组装件应无裂纹；

　　b）　锚具表面不应有影响混凝土黏结性能的油漆或油脂等杂质。

5.3.2　索体护套应完整、无破损。

5.4　工艺

5.4.1　锚具制造应满足下列要求：

　　a）　挤压锚固套经热处理后硬度应大于或等于20HRC,表面应采用镀锌防腐处理；

　　b）　螺母经热处理后硬度应大于或等于20HRC,表面应采用镀锌防腐处理。

5.4.2　索体制造应满足下列要求：

　　a）　索体的护套层厚度应不小于1.5 mm；

　　b）　索体内防腐润滑脂应均匀包裹钢绞线。

5.5　锚索性能

5.5.1　锚索应满足分级张拉、补张拉、放张和退锚的要求。

5.5.2　锚索静载试验效率系数和总伸长率应符合 GB/T 14370 中的规定,且螺母正常旋合。

5.5.3　锚索回缩量不应大于1 mm。

5.5.4　锚索的疲劳性能应满足应力上限为 $0.65f_{ptk}$（f_{ptk} 为抗拉强度标准值）,经疲劳应力幅不小于 100 MPa,疲劳次数 $2×10^6$ 次的疲劳试验,钢绞线应无断丝,锚具应无破坏现象,钢绞线和锚具无脱锚。

5.5.5　锚索的锚固区传力性能应符合 GB/T 14370—2015 附录 A 的规定。

5.5.6　钢绞线与护套间摩擦系数应符合表 2 的规定。

5.5.7　锚索应满足超张拉性能要求,锚索组装件出厂前应进行逐根超张拉性能检测,张拉力值应为设计张拉控制应力的1.03倍。

6　试验方法

6.1　一般规定

6.1.1　试验用的锚索应为完成组装并经外观检查合格的产品。

6.1.2　试验件组装时,其锚固长度不应小于3 m。组装件应保持锚具零件与实际使用状态一致,不应在锚具零件上添加或擦除影响锚固性能的介质。

6.2 材料

6.2.1 挤压锚固套材料机械性能应按 GB/T 3077 中 40Cr 的规定进行检测。

6.2.2 螺母材料机械性能应按 GB/T 3077 中 40Cr 的规定进行检测。

6.2.3 其他钢结构用材料性能应按 GB/T 700 中 Q235 的规定进行检测。

6.2.4 防腐润滑脂性能应符合 JG/T 430 的规定。

6.2.5 密封材料性能应符合 JG/T 430 的规定。

6.2.6 护套材料性能应符合 CJ/T 297 的规定

6.2.7 索体防腐润滑脂质量应采用精度为 1 g 的衡具称量。

6.3 外观应采用目测检查

6.4 工艺

6.4.1 锚索长度应采用精度为 1 mm 的直尺、卷尺测量。

6.4.2 挤压锚固套和承压螺母外形尺寸应采用精度为 0.02 mm 的游标卡尺测量。

6.4.3 其他零件外形尺寸应采用精度为 1 mm 的直尺、卷尺测量。

6.4.4 螺纹采用止通规测量。

6.5 锚索力学性能

6.5.1 静载锚固性能试验应按 GB/T 14370 的要求执行。

6.5.2 疲劳试验应按 GB/T 14370 的要求执行。

6.5.3 锚索回缩量试验应按 TB/T 3193 的要求执行。

6.5.4 锚索预应力筋与护套间摩擦系数试验应按 JG/T 161 的要求执行。

6.5.5 锚索组件的锚固区传力性能应试验按 GB/T 14370 的要求执行。

6.5.6 锚索超张拉试验应按本文件附录 A 的要求执行。

7 检验规则

7.1 检验分类

7.1.1 检验应分为出厂检验、型式检验和进场检验。

7.1.2 产品出厂前应进行出厂检验。

7.1.3 有下列情况之一,应进行型式检验:

 a) 新产品鉴定或老产品转厂生产时;

 b) 正常生产时,每隔 3 年进行一次检验;

 c) 正式生产后,结构、材料、工艺等的改变,可能影响产品性能时;

 d) 产品停产 1 年以上,恢复生产时;

 e) 出厂检验与上次型式检验结果有较大差异时;

 f) 国家质量监督机构提出进行型式检验要求时。

7.1.4 进场检验应按本文件附录 B 的要求进行。

7.2 检验项目

 出厂检验和型式检验的检验项目应符合表 3 的规定。

表 3　出厂检验和型式检验项目

检验项目	出厂检验	型式检验	检验方法
外观	√	√	目测
尺寸	√	√	TB/T 3193—2016 中 6.1.10
静载锚固性能	√	√	TB/T 3193—2016 中 6.2
超张拉性能	√	√	本文件附录 A
索体护套厚度		√	JG/T 161—2016 中 7.4.1
索体防腐润滑脂含量		√	JG/T 161—2016 中 7.3.2
钢绞线与护套间摩擦系数		√	JG/T 161—2016 中附录 B
疲劳性能		√	GB/T 14370—2015 中 6.1.2
回缩量性能		√	TB/T 3193—2016 中 6.4.1
锚固区传力性能		√	GB/T 14370—2015 中附录 A

7.3　组批与抽样

7.3.1　出厂检验

出厂检验时,同一次投料、同一强度等级、同一种预应力筋直径规格的,不超过 3 000 束为一批,并应符合以下规定:

a)　外观和锚索长度:按 100%抽样;

b)　其他零部件结构尺寸:抽取每次发货数量的 5%,但不少于 5 束,发货少于 5 束时全检;

c)　静载锚固性能:每批抽 3 束;

d)　超张拉性能:按 100%抽样。

7.3.2　型式检验

a)　外观和锚索长度:每批抽 3 束;

b)　其他零部件结构尺寸:每批抽 3 束;

c)　静载锚固性能:每批抽 3 束;

d)　疲劳性能:每批抽 1 束。

7.4　判定规则

7.4.1　出厂检验判定规则

a)　外观、尺寸检验应符合设计图纸规定;如发现不合格,应对本批全部产品进行逐件检验,合格者方可出厂;

b)　静载锚固性能试验时,3 束试件中,如有 1 束试件不符合要求,则可另取双倍数量的试件重做试验;如仍有 1 束试件不合格,则该批产品判定为不合格品。

c)　锚索在出厂前均须进行超张拉试验,超张拉性能不合格的,判定该束为不合格。

7.4.2　型式检验判定规则

外观、尺寸检测合格的锚索,型式检验结果有 1 项及以上不合格的,应双倍抽样,对不合格项进行检验;仍有不合格项的,判定为型式检验不合格。

8 标志、包装、运输与储存

8.1 标志

锚索上应有制造商名称、产品名称、产品型号、生产批号等标志。

8.2 包装

8.2.1 锚索组装后应进行包装,采用单根或成组包装,随产品应附有产品清单;产品出厂时应附质量保证书、合格证和产品说明书。产品合格证内容包括:

a) 型号和规格;

b) 锚索位置编号和锚索长度;

c) 产品批号;

d) 生产日期;

e) 厂名、厂址。

8.3 运输与储存

锚索的运输、储存均应防尘、防水,避免锈蚀、沾污和遭受机械损伤。产品应存放在通风良好、防潮、防晒和防腐蚀的仓库内,不应露天存放。

附　录　A

（规范性）

锚索超张拉性能试验方法和检验要求

A.1　一般规定

A.1.1　出厂前应对锚索逐根进行不低于设计控制应力的 1.03 倍超张拉检验。

A.1.2　试验应在试验室内进行，试验应有安全保护措施，环境温度为 23 ℃±2 ℃。

A.1.3　试验装置的刚度和强度应满足试验要求；张拉力控制系统精度应不大于 1.0%FS，长度尺寸测量精度应不大于 1 mm。试验装置结构如图 A.1 所示。

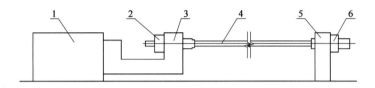

标引序号说明：

1——千斤顶；　　　3——活动块；　　　5——固定块；

2——张拉端螺母；　4——锚索；　　　　6——固定端螺母。

图 A.1　锚索超张拉装置示意图

A.2　试验方法

A.2.1　将外观、尺寸检查合格的锚索组装件安装到试验装置中。

A.2.2　设定张拉力，最大张拉力为设计张拉控制应力的 1.03 倍。

A.2.3　进行超张拉，张拉力达到设计张拉控制应力的 1.03 倍时，持荷 2 min，设备自动匀速回程。

A.2.4　取出超张拉检验完成的锚索，按规定项目开始检验。

A.2.5　试验过程中，应对下列内容进行测量、观察并记录：

　a）　锚索编号；

　b）　规格型号；

　c）　超张拉力值；

　d）　伸长量；

　e）　锚索破坏情况；

　f）　工程项目；

　g）　试验日期；

　h）　试验人员。

A.3　判定规则

经超张拉检验后，同时满足以下要求则判定合格，合格的锚索继续在工程中应用。

　b）　张拉端和固定端螺母能顺利旋松并取下；

　c）　锚索所有零部件无破坏；

　d）　伸长量在要求范围内；

　e）　挤压锚固套内钢绞线无滑脱。

附 录 B

（规范性）

进 场 检 验

B.1 一般规定

使用单位在产品进场使用前宜进行产品质量的进场检验。

B.2 检验项目

进场检验的检验项目应包括外观、尺寸和静载锚固性能。

B.3 组批与抽样

B.3.1 进场检验时,同一强度等级、同一种钢绞线直径规格宜为一批,每批数量不超过 3 000 束,并应符合以下规定：

　　a） 外观检验每批抽 1%,不少于 3 束；

　　b） 尺寸检验每批抽 1%,不少于 3 束；

　　c） 静载锚固性能试验每批抽 3 束；

　　d） 若初次进场检验项目全部合格,则检验组批扩大为 6 000 束；如在此期间出现不合格情况,则检验组批恢复为 3 000 束。

B.4 检验方法

B.4.1 外观检测应采用目测。

B.4.2 尺寸检验包括：

　　a） 锚索长度应采用精度为 1 mm 的直尺、卷尺测量；

　　b） 挤压锚固套和承压螺母外形尺寸应采用游标卡尺测量；

　　c） 其他零件外形尺寸应采用精度为 1 mm 的直尺、卷尺测量。

B.4.3 静载锚固性能试验应按 GB/T 14370 的规定执行。

B.5 判定规则

外观、尺寸和静载锚固性能试验结果有 1 项及以上不合格的,应双倍抽样,对不合格项进行检验；仍有不合格项的,判定为该批锚索进场检验不合格。

本文件用词用语说明

1　本文件执行严格程度的用词,采用下列写法:

1)　表示很严格,非这样做不可的用词,正面词采用"必须",反面词采用"严禁"。

2)　表示严格,在正常情况下均应这样做的用词,正面词采用"应",反面词采用"不应"或"不得"。

3)　表示允许稍有选择,在条件许可时首先应这样做的用词,正面词采用"宜",反面词采用"不宜"。

4)　表示有选择,在一定条件下可以这样做的用词,采用"可"。

2　引用标准的用语采用下列写法:

1)　在标准总则中表述与相关标准的关系时,采用"除应符合本文件的规定外,尚应符合国家和行业现行有关标准的规定"。

2)　在标准条文及其他规定中,当引用的标准为国家标准、行业标准、地方标准或企业内部标准时,表述为"应符合《××××××》(×××)的有关规定"。

3)　当引用本文件中的其他规定时,表述为"应符合本文件第×章的有关规定""应符合本文件第×.×节的有关规定""应符合本文件第×.×.×条的有关规定"或"应按本文件第×.×.×条的有关规定执行"。